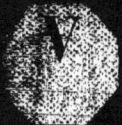

V

c)

MÉMOIRE

SUR

LE MOUVEMENT D'UNE LIGNE D'AIR

ET SUR

LE MOUVEMENT DES ONDES

DANS LE CAS OÙ LES VÎTESSES DES MOLÉCULES
NE SONT PAS SUPPOSÉES TRÈS-PETITES.

PAR M.ᵣ PLANA.

Lu à la Classe des Sciences physiques et mathématiques de
l'Académie Impériale de Turin, dans la Séance du 11 Juin 1813.

---

1. **M**ONSIEUR POISSON , dans son beau Mémoire sur
la théorie du Son *(Voyez le Tome VII du Journal
de l'École polythecnique)* parvient à déterminer la loi
suivant laquelle le mouvement se propage dans une
fibre sonore, par une méthode nouvelle qui lui est
propre , et d'autant plus digne de remarque que l'équation aux différences partielles du second ordre qui renferme la solution générale du problème se trouve satisfaite , d'une manière singulière , par le systéme de

deux équations entre les variables principales et les
coëfficiens différentiels du premier ordre, renfermant
une fonction arbitraire. Quelques difficultés que j'ai ren-
contrées pour saisir l'esprit de cette méthode, m'ont fait
penser qu'en adoptant la première idée de l'Auteur,
l'on pourrait parvenir à son résultat par un procédé
plus direct et susceptible d'être étendu à d'autres équations du même ordre. Et il y a cela de remarquable
dans mon analyse que rien ne m'y oblige à supposer
la vîtesse des molécules en mouvement plus petite que
la vîtesse de propagation du Son.

La théorie du mouvement des ondes formées à la
surface d'une eau stagnante par l'agitation d'un corps
lancé dans le fluide ou par toute autre cause, dépend,
comme l'on sait, de l'intégration d'une équation aux
différences partielles entre quatre variables. Cette équation se réduit à trois variables, si l'on suppose que,
pendant le mouvement, les molécules fluides ne sortent
pas du plan vertical où elles sont placées dans l'état
d'équilibre.

Par suite de cette réduction dans le nombre des
variables, il arrive que l'équation de ce mouvement se
trouve comprise dans celles que je suis parvenu à intégrer par le système de deux équations entre les coëfficiens différentiels, renfermant une fonction arbitraire.

L'on trouve d'après cela l'expression des élévations
et des abaissemens successifs des molécules fluides, ainsi
que l'expression de leur vîtesse. Cette dernière, par

une considération fort simple, met en évidence la loi suivant laquelle le mouvement se propage dans la masse fluide, et il en résulte que, quelle que soit la nature de l'ébranlement primitif, la vîtesse de propagation des ondes est uniforme, et égale à celle qu'un corps grave aquerrait en tombant d'une hauteur égale à la moitié de la profondeur du liquide, comptée depuis sa surface jusqu'au fond supposé horizontal. Jusqu'ici la théorie suppose la profondeur du fluide très-petite et le fond du bassin qui contient l'eau horizontal.

Mais si l'on remarque que dans la production de ce mouvement, les molécules fluides ne doivent être ébranlées qu'à une profondeur très-petite, et par tout là même, (du moins à une distance un peu grande de l'origine du mouvement) l'on pourra admettre sans invraisemblance que le cas particulier que la théorie parvient à résoudre est applicable à toute eau stagnante, et même aux grandes ondes de l'Océan, ce qui est d'ailleurs confirmé par l'expérience. La vîtesse des ondes peut donc être considerée comme à-peu-près constante, ce qui est analogue à ce qui se passe dans la propagation du Son. Ce théorême, auquel l'immortel LAGRANGE est parvenu le premier par une méthode rigoureuse, en supposant très-petite la vîtesse des molécules en mouvement, se trouve donc démontré quelle que soit la grandeur de cette vîtesse.

2. Commençons par nous occuper de l'équation qui renferme la théorie du mouvement d'une ligne d'air.

4

D'après le Mémoire cité de Mr Poisson (page 364), nous aurons l'équation,

$$\frac{d^2\varphi}{dt^2} + \frac{2d\varphi}{dx} \cdot \frac{d^2\varphi}{dxdt} + \frac{d\varphi^2}{dx^2} \cdot \frac{d^2\varphi}{dx^2} = \frac{a^2 d^2\varphi}{dx^2} \cdots (\alpha)$$

Faisons pour plus de simplicité,

$$p = \frac{d\varphi}{dx} \; ; \; q = \frac{d\varphi}{dt} \; ;$$

l'équation précédente deviendra

$$\frac{dq}{dt} + 2p \cdot \frac{dp}{dt} + (p^2 - a^2) \cdot \frac{dp}{dx} = 0 \cdots (\beta)$$

Maintenant, si l'on pose

$$Q = q + \alpha p + \beta p^2,$$

α et β désignant deux coëfficiens constans, indéterminés, l'on obtient, en différentiant successivement par rapport à t et à x,

$$\frac{dQ}{dt} = \frac{dq}{dt} + (\alpha + 2\beta p) \cdot \frac{dp}{dt} \; ;$$

$$\frac{dQ}{dx} = \frac{dp}{dt} + (\alpha + 2\beta p) \cdot \frac{dp}{dx} \; ;$$

partant l'on aura,

$$\frac{dQ}{dt} + (p - \alpha) \cdot \frac{dQ}{dx} = \frac{dq}{dt} + 2p \cdot \frac{dp}{dt} + (p^2 - \alpha^2) \frac{dp}{dx},$$

en prenant $2\beta = 1$.

Le second membre de cette équation devient identique avec le premier de l'équation (β) en faisant $\alpha = \pm a$: Donc, si l'on pose

$$k = q - ap + \tfrac{1}{2}p^2 \; ;$$

$$k' = q + ap + \tfrac{1}{2}p^2 \; ;$$

l'équation (β) se trouvera transformée dans l'une ou l'autre des deux suivantes :

$$\frac{dk}{dt} + (p + a) \frac{dk}{dx} = 0, \; \ldots \ldots \; (\,\mathrm{I}\,)$$

$$\frac{dk'}{dt} + (p - a) \cdot \frac{dk'}{dx} = 0, \; \ldots \ldots \; (\,\mathrm{II}\,) \cdot$$

Considérons d'abord l'équation (I). Puisque p et k sont censées fonctions des variables x et t, il est évident que l'on peut regarder p comme étant fonction des variables k, t. Soit donc

$$p = \Psi \, (\, k, \, t \,) \, ,$$

l'équation (I) deviendra

$$\frac{dk}{dt} + (a + \Psi(k, \, t)) \cdot \frac{dk}{dx} = 0.$$

Il est fort aisé d'intégrer cette équation, et l'on trouve (*Voyez le Calcul intégral de* Lacroix, *Tome II, page* 484).

$$k = f \, . \Big(x - at - \int \Psi \, (\, k, t \,) \, d \, t \Big) \; \ldots \ldots \; (\,\gamma\,)$$

en ayant soin d'exécuter l'intégration indiquée comme si la quantité k était constante. Cette équation fera connaître la fonction de x, t que l'on doit prendre pour k; ensuite l'on formera les valeurs de p et de q, à l'aide des équations

$$p = \Psi(k, t), \\ q = k + ap - \tfrac{1}{2}p^2 \Big\} \ \dots (\delta).$$

Cela posé, l'on obtiendrait la fonction désignée par φ, en intégrant l'équation

$$d\varphi = pdx + qdt.$$

Mais, pour qu'un tel procédé soit légitime, l'on sait que les valeurs de p et de q doivent rendre identique l'équation

$$\frac{dp}{dt} = \frac{dq}{dx};$$

ainsi il est nécessaire de chercher quelle forme doit avoir la fonction $\Psi\ (k, t)$ pour que cette condition soit remplie.

A cet effet, différencions p et q, en y considérant k comme fonction de x, t; nous aurons

$$\frac{dp}{dt} = \left(\frac{dp}{dt}\right) + \left(\frac{dp}{dk}\right) \cdot \frac{dk}{dt};$$

$$\frac{dq}{dx} = \frac{dk}{dx} + a\left(\frac{dp}{dk}\right) \cdot \frac{dk}{dx} \cdot - p \cdot \left(\frac{dp}{dk}\right) \cdot \frac{dk}{dx} \cdot$$

Égalant les seconds membres de ces deux équations, et éliminant $\frac{dk}{dt}$ à l'aide de l'équation (I), l'on trouve

$$\left(\frac{dp}{dt}\right) = \frac{dk}{dx} \cdot \left\{ 1 + 2\,a\left(\frac{dp}{dk}\right)\right\} \cdot$$

Pour que cette équation soit satisfaite, quelle que

soit la valeur de k donnée par l'équation (γ), il est aisé de voir qu'il suffit de poser

$$\left(\frac{dp}{dt}\right) = 0 ; \quad 1 + 2a\left(\frac{dp}{dk}\right) = 0 ;$$

d'où l'on conclut que l'on doit prendre

$$= -\frac{1}{2a} .$$

Puisque la valeur de p, exprimée par la variable k, se trouve indépendante de t, nous aurons en vertu de l'équation (γ) ;

$$k = f.\left\{ x - at + \frac{1}{2a} . Kt \right\},$$

ou bien

$$k = f.\left\{ x - at - \frac{d\varphi}{dx} . t \right\} .$$

Substituant dans la valeur de q, donnée par la seconde des équations (δ), à la place de k sa valeur $-2ap$, l'on obtient

$$\frac{d\varphi}{dt} = -a\frac{d\varphi}{dx} - \frac{1}{2} . \frac{d\varphi^2}{dx^2} ;$$

et en comprenant sous la fonction arbitraire le facteur $-\frac{1}{2a}$ l'on aura, pour déterminer $\frac{d\varphi}{dx}$, l'équation

$$\frac{d\varphi}{dx} = f.\left\{ x - at - \frac{d\varphi}{dx} . t \right\} .$$

Il suit de là que le système de ces deux dernières équations satisfait à la proposée (α), et à la condition nécessaire pour déterminer φ en intégrant l'équation

$$d\varphi = \frac{d\varphi}{dx} \cdot dx + \frac{d\varphi}{dy} \cdot dy.$$

En traitant l'équation (II) comme nous venons de traiter l'équation (I), l'on trouverait que l'équation (α) est également satisfaite par le systéme des deux équations

$$\frac{d\varphi}{dx} = \mathrm{F} \cdot \left\{ x + a\,t - \frac{d\varphi}{dx} \cdot t \right\},$$

$$\frac{d\varphi}{dt} = a\,\frac{d\varphi}{dx} - \frac{1}{2}\,\frac{d\varphi^2}{dx^2};$$

où la fonction F est aussi arbitraire.

Telles sont les deux solutions singulières de l'équation (α), auxquelles Mr Poisson est parvenu le premier dans le Mémoire cité.

Il est aisé de conclure de ces équations la loi suivant laquelle le mouvement se propage dans la fibre sonore, et il en résultera que, quelle que soit la nature de l'ébranlemeut primitif, la vîtesse du Son sera constante et égale à a.

3. Cette manière de satisfaire à une équation aux différences partielles du second ordre n'est pas particulière à l'équation (α); elle peut être appliquée avec succès à toute équation, du même ordre, susceptible d'être mise sous la forme

$$\frac{dk}{dt} + \mathrm{P} \cdot \frac{dk}{dx} = \mathrm{T}, \ldots \ldots (\mathrm{A})$$

P et T indiquant des fonctions, l'une du coëfficient différentiel p, et l'autre de la variable t; et k désignant une fonction de q et p de la forme

$$k = q + F(p).$$

En effet, considérons p comme une fonction de k et de t que nous exprimerons par $p = \Psi(k, t)$. L'on pourra d'après cela regarder P comme une fonction des mêmes variables représentée par $P = \Psi_{,}(k, t)$. Par ce moyen l'équation (A) devient intégrable, et l'on obtient par les méthodes connues.

$$k - \int T dt = f_{.}\left\{ x - \int \Psi_{,}(\alpha + \int T dt, t) dt \right\}$$

en ayant soin de substituer $k - \int T dt$ à la place de α, après l'intégration. Connaissant ainsi la fonction de x, t que l'on doit prendre pour k, voyons quelle doit être la forme de la fonction Ψ, pour que les valeurs de p et de q données par les équations

$$p = \Psi(k, t); \quad q = k - F(\dot{p})$$

satisfassent à la condition d'intégrabilité.

Différenciant la première de ces équations par rapport à t, et la seconde par rapport à x, nous aurons

$$\frac{dp}{dt} = \left(\frac{dp}{dt}\right) + \left(\frac{dp}{dk}\right) \cdot \frac{dk}{dt},$$

$$\frac{dq}{dx} = \frac{dk}{dx} - F'(p) \cdot \left(\frac{dp}{dk}\right) \cdot \frac{dk}{dx}.$$

2

En égalant les seconds membres de ces deux équa-
tions, et substituant à la place de $\dfrac{dk}{dt}$ sa valeur dé-
duite de l'équation (A) l'on obtient,

$$\left(\frac{dp}{dt}\right)+\mathrm{T}\left(\frac{dp}{dk}\right)=\frac{dk}{dx}\cdot\left\{1+\mathrm{P}\cdot\left(\frac{dp}{dk}\right)-\mathrm{F}'(p)\cdot\left(\frac{dp}{dk}\right)\right\}.$$

Pour que cette équation soit satisfaite quelle que soit
la forme de la fonction f,, il faudra que l'on ait,

$$\left(\frac{dp}{dt}\right)+\mathrm{T}\left(\frac{dp}{dk}\right)=0,$$

$$1+\left(\frac{dp}{dk}\right)\left\{\mathrm{P}-\mathrm{F}'(p)\right\}=0.$$

La première de ces équations devient identique en
prenant

$$p=\Psi\cdot(k-\textstyle\int\mathrm{T}dt)$$

ce qui donne

$$\left(\frac{dp}{ak}\right)=\frac{dp}{dk-\mathrm{T}dt};$$

partant la seconde équation nous donnera

$$k-\textstyle\int\mathrm{T}dt=\mathrm{F}(p)-\int\mathrm{P}dp.$$

Il suit de là que l'on a

$$q=\textstyle\int\mathrm{T}dt-\int\mathrm{P}dp.$$

Et comme la fonction désignée par Ψ doit, d'après
la valeur précédente de p, se réduire à une fonction
de α seulement, l'on aura,

$$k - \int T dt = f . \left\{ x - \Psi . (\alpha) . t \right\},$$

ou bien,

$$k - \int T dt = f . \left\{ x - P . t \right\},$$

ce qui change la valeur de p en

$$p = f . \left(x - P . t \right).$$

Le systéme des deux équations qui satisfait à la proposée (A) est donc,

$$\frac{d\varphi}{dx} = f . \left(x - P . t \right),$$

$$\frac{d\varphi}{dt} = \int T dt - \int P dp .$$

Ces deux équations fourniront toujours pour $\frac{d\varphi}{dx}$, $\frac{d\varphi}{dt}$ des valeurs telles qui permettront de déterminer φ, en intégrant l'équation

$$d\varphi = \frac{d\varphi}{dx} . dx + \frac{d\varphi}{dt} . dt .$$

4. Maintenant je vais faire voir que l'équation

$$\frac{dq}{dt} + R . \frac{dp}{dt} + S . \frac{dp}{dx} = T \quad \dots \quad (A')$$

dans laquelle R , S expriment des fonctions quelconques de p; et T une fonction de t, peut toujours être ramenée à la forme de l'équation (A). En effet, faisons

$$P = \frac{1}{2}R + \sqrt{\frac{1}{4}R^2 - S} \ ,$$

$$\frac{d.F(p)}{dp} = \frac{1}{2}R - \sqrt{\frac{1}{4}R^2 - S} \ .$$

Cela posé, il est clair qu'en prenant

$$k = q + F(p),$$

l'on pourra transformer l'équation (A') dans la suivante

$$\frac{dk}{dt} + P \cdot \frac{dk}{dx} = T \ . \ . \ . \ . \ (b)$$

dont la forme est exactement la même que celle de l'équation (A).

En prenant,

$$P' = \frac{1}{2}R - \sqrt{\frac{1}{4}R^2 - S} \ ,$$

$$\frac{d.F_{,}(p)}{dp} = \frac{1}{2}R + \sqrt{\frac{1}{4}R^2 - S},$$

$$k' = q + F_{,}(p) \ ,$$

l'on aurait

$$\frac{dk'}{dt} + P' \cdot \frac{dk'}{dx} = T \ . \ . \ . \ . \ (b')$$

pour la transformée de l'équation (A').

En intégrant les équations (b) et (b') par la méthode précédente l'on obtiendra, pour satisfaire à la proposée, deux systémes d'équations renfermant chacun une fonction arbitraire.

5. L'on peut encore intégrer par cette méthode une équation de la forme

$$\frac{dq}{dt} + (R+Q).\frac{dp}{dt} + (S+Q').\frac{dp}{dx} = T... (A'')$$

dans laquelle nous supposons T fonction de la variable t; R et S fonctions du coëfficient différentiel p seulement, et Q, Q' fonctions de p, q.

Conservant à P, k, F(p) les dénominations posées dans le N.° 4, l'équation (A'') pourra être transformée dans la suivante

$$\frac{dk}{dt} + P.\frac{dk}{dx} + Q.\frac{dp}{dt} + Q'.\frac{dp}{dx} = T.$$

Mais nous avons $q = k - F(p)$; donc l'on pourra regarder Q et Q' comme des fonctions de k et p sans q. Maintenant, si l'on pose

$$p = \Psi.(k - \int T dt),$$

il viendra

$$\frac{dp}{dx} = \left(\frac{dp}{dk}\right).\frac{dk}{dx}; \quad \frac{dp}{dt} = \left(\frac{dp}{dk}\right).\left(\frac{dk}{dt} - T\right).$$

Substituant ces valeurs dans l'équation précédente l'on trouve

$$\frac{dk}{dt}.\left\{1 + Q.\left(\frac{dp}{dk}\right)\right\} + \frac{dk}{dx}.\left\{P + Q'\left(\frac{dp}{dk}\right)\right\}$$
$$= T + QT.\left(\frac{dp}{dk}\right),$$

ou bien

$$\frac{dk}{dt} + M \cdot \frac{dk}{dx} = T, \ \dots \dots \ (1)$$

en faisant, pour plus de simplicité,

$$M = \frac{P + Q\left(\frac{dp}{dk}\right)}{1 + Q\left(\frac{dp}{dk}\right)} .$$

Cette valeur de M peut être considérée comme une fonction de $k - \int T dt$; ainsi l'on pourra intégrer l'équation (1), comme nous avons intégré l'équation (A) dans le N.° 3 , ce qui donnera

$$k - \int T dt = f. \ (x - M . t),$$

où le caractéristique f, indique une fonction arbitraire.

Cela posé , déterminons la forme que doit avoir la fonction Ψ , pour que les valeurs de p et de q remplissent les conditions d'intégrabilité.

L'équation $q = k - F (p)$ donne ,

$$\frac{dq}{dx} = \frac{dk}{dx} - F'(p) \cdot \left(\frac{dp}{dk}\right) \cdot \frac{dk}{dx} ;$$

égalant cette valeur à celle de $\frac{dp}{dt}$, et éliminant $\frac{dk}{dt}$, à l'aide de l'équation (1), l'on obtient ,

$$\frac{dk}{dx} \cdot \left\{ 1 + \left(M - F'(p) \right) \left(\frac{dp}{dk}\right) \right\} = 0 .$$

Il suit de là , que pour rendre cette équation identique, quelle que soit la forme de la fonction $f_{,}$, il faudra que l'on ait,

$$1 - F'(p) \cdot \left(\frac{dp'}{dk}\right) + M \cdot \left(\frac{dp}{dk}\right) = 0.$$

Substituant à la place de M sa valeur, cette équation deviendra,

$$0 = 1 + \left(\frac{dp}{dk}\right)\left\{P + Q - F'(p)\right\}$$
$$+ \left(\frac{dp}{dk}\right)'\left\{Q' - QF'(p)\right\} \dots (2)$$

laquelle est, comme l'on voit, entre deux variables seulement, puisque nous avons supposé faite l'élimination de q dans les expressions de Q et Q'. Ici il est nécessaire de se rappeler que l'on a

$$\left(\frac{dp}{dk}\right) = \frac{dp}{dk - T dt},$$

et qu'en conséquence l'intégrale de l'équation (2) donne

$$k - \int T dt = \varphi \cdot (p).$$

Mais nous avons $q = k - F(p)$; donc l'on aura

$$q = \int T dt + \varphi(p) - F(p) \dots \dots (I).$$

Nommons M' ce que devient la valeur de M après la substitution de la valeur de $\left(\frac{dp}{dk}\right)$ tirée de l'équation (2); nous aurons

$$k - \int T dt = f \cdot (x - M'.t);$$

partant

$$p = f.(x - \mathrm{M}'.t) \ . \ . \ . \ . \ (\mathrm{II}).$$

Il suit de là que pour satisfaire à l'équation (A″) il faudra employer les valeurs de p et de q données par le systéme des deux équations (I) et (II), dans lesquelles la fonction $f.$ est arbitraire, et les deux autres φ et F sont déterminées, la première par l'équation (2), et la seconde par l'équation

$$\mathrm{F}(p) = \int.\left(\frac{1}{2}\mathrm{R} - \sqrt{\frac{1}{4}\mathrm{R}^{\cdot} - \mathrm{S}}\right) dp.$$

Il est inutile d'observer que l'équation (2) étant du second degré par rapport à $\left(\dfrac{dp}{dk}\right)$ donnera en général deux valeurs de $k - \int \mathrm{T}dt$ en fonction de p; et qu'en conséquence l'on pourra toujours former deux systémes d'équations semblables au précédent pour satisfaire à la proposée.

Il est aisé de voir que cette méthode s'applique à toute équation comprise dans la forme

$$\frac{dq}{dt} + \mathrm{R}\frac{dp}{dt} + \mathrm{S}.\frac{dp}{dx} = \mathrm{T}, \ . \ . \ . \ . \ (\mathrm{A}''')$$

T désignant une fonction de la variable t, et R , S des fonctions quelconques des coëfficiens différentiels p et q. Car l'on pourra dans tous les cas décomposer R ainsi que S en deux parties dont une soit indépendante de q.

6. Pour donner une application intéressante de ce procédé d'intégration, je vais maintenant chercher la loi de propagation du mouvement dans les ondes formées par les élévations et les abaissemens successifs d'une eau stagnante contenue dans un bassin peu profond et ayant son fond horizontal.

Je suppose que les molécules fluides, pendant le mouvement, ne sortent pas du plan vertical où elles sont placées dans l'état d'équilibre. Dans cette hypothèse, toute la théorie de ce mouvement est renfermée dans l'équation

$$\frac{d\tau'}{dt} + \frac{d.\left(\tau - g\alpha\right)\frac{d\varphi'}{dx}}{dx} = 0,$$

où g exprime la force accélératrice de la gravité, α la profondeur du bassin, qui contient le fluide, et

$$\tau' = \frac{d\varphi'}{dt} + \frac{1}{2}\left(\frac{d\varphi'}{dx}\right)^2$$

(Voyez la Mécanique analytique, page 489.)

Comme nous supposons α constant, faisons $g\alpha = a^2$, et substituons dans l'équation précédente à la place de τ' sa valeur; nous aurons en posant,

$$p = \frac{d\varphi'}{dx}; \quad q = \frac{d\varphi'}{dt},$$

$$\frac{dq}{dt} + 2p\frac{dp}{dt} + \left(q + \tfrac{3}{2}p^2 - a^2\right)\frac{dp}{dx} = 0.$$

3

18

Comparant cette équation avec l'équation (A″) l'on aura

$$R = 2p; \quad S = \tfrac{3}{2} p^2 - a^2; \quad Q = 0; \quad Q' = q; \quad T = 0 .$$

Les formules posées dans les N.ºs 4 et 5 donnent dans le cas actuel

$$P = p + \sqrt{a^2 - \tfrac{1}{2} p^2} ;$$

$$M = p + q \left(\frac{dn}{dk} \right) + \sqrt{a^2 - \tfrac{1}{2} p^2} ;$$

$$F'(p) = p - \sqrt{a^2 - \tfrac{1}{2} p^2} .$$

L'équation (2) devient ici,

$$1 + 2 \left(\frac{dp}{dk} \right) \cdot \sqrt{a^2 - \tfrac{1}{2} p^2} + q \left(\frac{dp}{dk} \right)^2 = 0 \ldots \ldots (c)$$

d'où l'on conclut

$$q \cdot \left(\frac{dp}{dk} \right) = - \sqrt{a^2 - \tfrac{1}{2} p^2} + \sqrt{a^2 - \tfrac{1}{2} p^2 - q} .$$

Substituant cette valeur dans celle de M, l'on obtiendra

$$M' = p + \sqrt{a^2 - \tfrac{1}{2} p^2 - q} .$$

Soit $k = \varphi(p)$ la valeur de k qui satisfait à l'équation (c), l'on aura d'après les équations (I) et (II),

$$q = \varphi(p) - \tfrac{1}{2} p^2 + \int dp \cdot \sqrt{a^2 - \tfrac{1}{2} p^2} \ldots (m)$$

$$p = f \cdot \left\{ x - at \sqrt{ 1 - \frac{p'}{2a^2} - \frac{q}{a^2} } - pt \right\} \ \ldots \ (n)$$

Toutes les valeurs de p et de q que l'on déduira de ces équations seront telles que l'on pourra déterminer la fonction φ', en intégrant l'équation

$$d\varphi' = \frac{d\varphi'}{dx} \cdot dx + \frac{d\varphi'}{dt} \cdot dt \ .$$

Au reste, il sera inutile de faire cette intégration toutes les fois que l'on voudra se contenter de connaître la vîtesse des molécules en mouvement, ainsi que les élévations et abaissemens successifs du fluide. Car, en désignant par z les élévations du fluide l'on a,

$$z = \frac{1}{g} \cdot \frac{d\varphi'}{dt} + \frac{1}{2g} \left(\frac{d\varphi'}{dx} \right)$$

et l'expression de la vîtesse des molécules est $\frac{d\varphi'}{dx}$.

7. Il est facile de conclure de l'équation (n) la loi suivant laquelle le mouvement se propage dans le sens des abscisses positives. A l'origine du mouvement l'on a $t = 0$, et par conséquent $p = f \cdot x$. Donc, si l'on suppose que les molécules fluides primitivement ébranlées sont comprises depuis $x = 0$ jusqu'à $x = \beta$, il faudra que la valeur de fx soit nulle pour toute valeur de x qui surpasse β. Une molécule fluide placée à une distance $x > \beta$ commencera donc à s'ébranler à l'instant où l'on aura

$$x - at \sqrt{ 1 - \frac{p^2}{2a^2} - \frac{q}{a^2} } - pt = \beta \ .$$

et cessera de se mouvoir à l'instant où l'on aura

$$ x - at \cdot \sqrt{1 - \frac{p^2}{2a^2} - \frac{q}{a^2}} - pt = 0. $$

Or, l'on comprend aisément que la vîtesse naissante p, ainsi que l'élévation naissante z doivent être des quantités très-petites relativement à la quantité désignée par a: Donc, si l'on suppose en même tems très-petit le rayon β de l'ébranlement primitif, l'on aura simplement

$$ x = at, $$

à l'instant où la molécule placée à la distance x de l'origine des coordonnées commencera à s'ébranler.

L'on voit donc que les ondes formées dans un fluide, quelle que soit la nature de l'ébranlement primitif, se propagent toujours avec une vîtesse uniforme égale à celle qu'un corps grave aquerrait en tombant d'une hauteur égale à la moitié de la profondeur du bassin qui contient le fluide, comptée depuis la surface du liquide dans l'état d'equilibre. Cette conclusion peut être étendue aux ondes formées dans une eau stagnante quelconque conformément à ce qui a été dit dans le N.° 1.

8. Je finirais ce Mémoire en remarquant que l'on peut trouver, par la méthode précédente, des solutions singulières de toutes les équations comprises dans la forme

$$ 0 = \frac{d^2 z'}{dx'^2} + f \cdot (x', y') \frac{d^2 z'}{dx' dy'} + F(x', y') \frac{d^2 z'}{dy'^2}. $$

A l'aide d'une transformation ingénieuse que l'on doit à M. Legendre, (*Voyez Calcul Intégral de* LACROIX *Tome II. pag.* 596) cette équation peut être transformée dans la suivante,

$$o = \frac{d^2z}{dy^2} - f.(x',y') \cdot \frac{d^2z}{dxdy} + F(x',y') \cdot \frac{d^2z}{dx^2} \ldots (b)$$

en posant

$$z' = x \cdot x' + y \cdot y' - z$$

et observant que l'on a

$$x = \left(\frac{dz'}{dx'} \right); \quad y = \left(\frac{dz'}{dy'} \right).$$

Différenciant cette valeur de z' et remarquant que

$$dz' = x \cdot dx' + y \cdot dy'$$

il en résulte

$$dz = x' \cdot dx + y' \cdot dy,$$

donc

$$x' = \left(\frac{dz}{dx} \right) = p; \quad y' = \left(\frac{dz}{dy} \right) = q.$$

Il suit de là que l'équation *(b)* peut être mise sous forme

$$o = \frac{dq}{dy} - f.(p,q) \cdot \frac{dp}{dy} + F(p,q) \cdot \frac{dp}{dx},$$

laquelle rentre dans celle que nous avons attribuée à l'équation (A''').

TURIN, MDCCCXIII.

CHEZ FÉLIX GALLETTI IMPRIMEUR DE L'ACADÉMIE IMPÉRIALE
des Sciences, etc.